Hallo! Ich bin Anoki.
Für jede Seite, die du fertig bearbeitet hast, malst du ein Sparschwein aus.

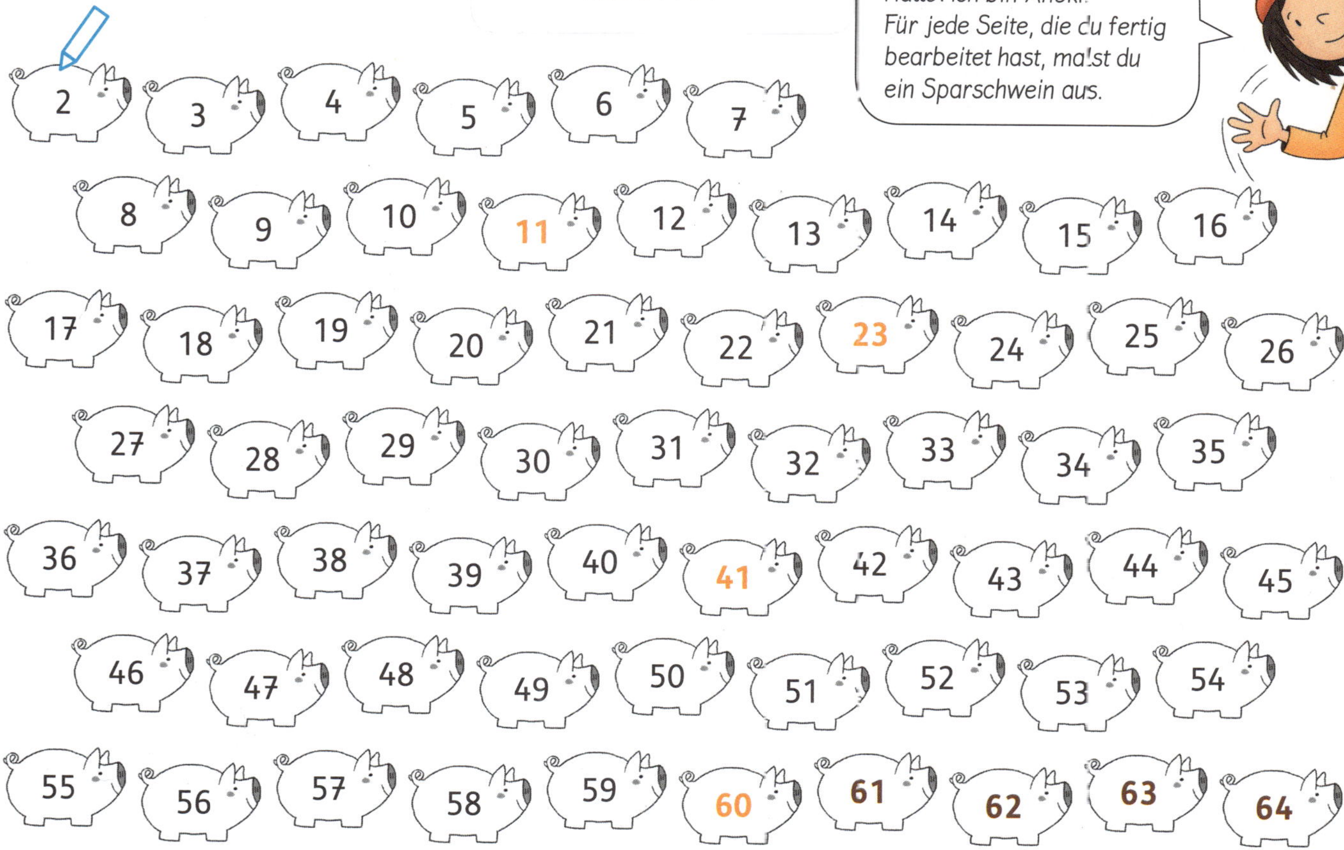

1

Euro oder Cent?

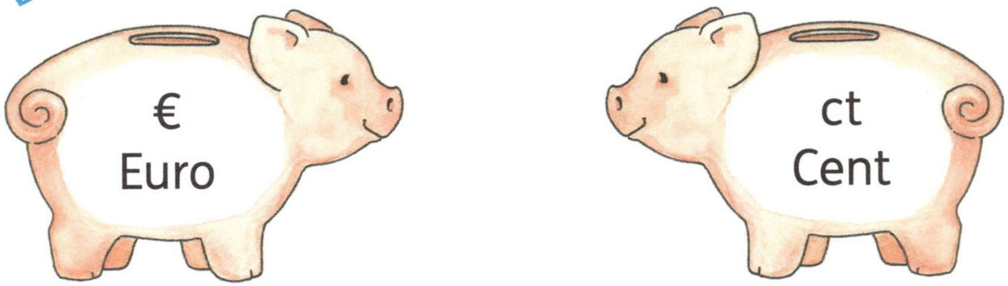

2

ct	ct	ct											
€													

1

 5 €

 20 ct

 ____

 ____

 ____

 ____

 ____

 ____

 ____

2

Beschrifte der Reihe nach.

(1 ct) ( ) ( ) ( ) ( ) ( ) ( ) ( ) [ ] [ ]

3

Größer, kleiner oder gleich?

1 € (>) 1 ct	10 € ○ 10 ct	8 € ○ 9 ct	8 ct ○ 9 €
2 € ○ 20 ct	20 ct ○ 20 €	15 ct ○ 15 €	5 € ○ 50 ct
5 € ○ 5 ct	5 ct ○ 1 €	12 ct ○ 7 €	100 ct ○ 1 €

Cent

1

Immer 6 ct.

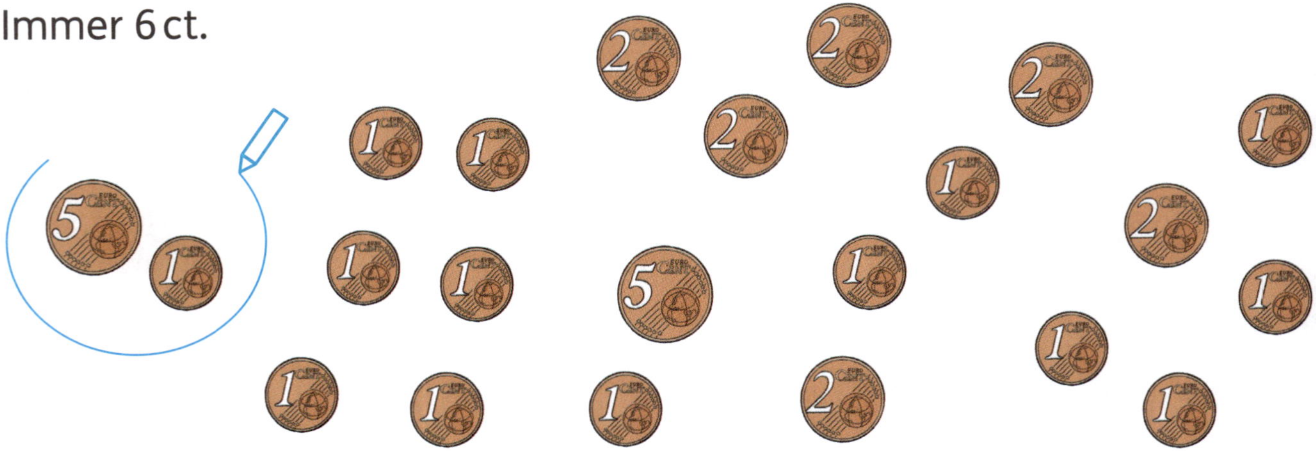

2

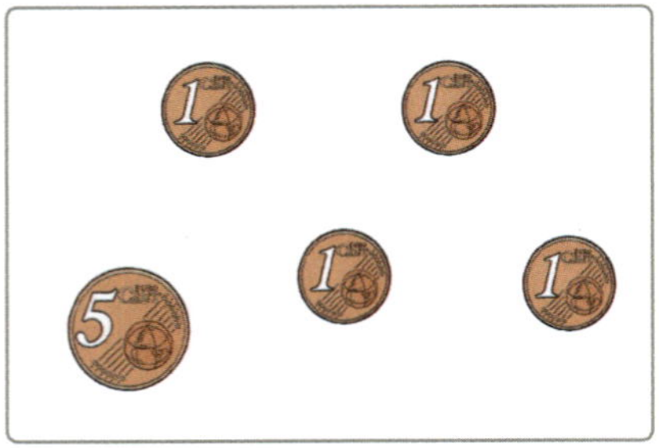

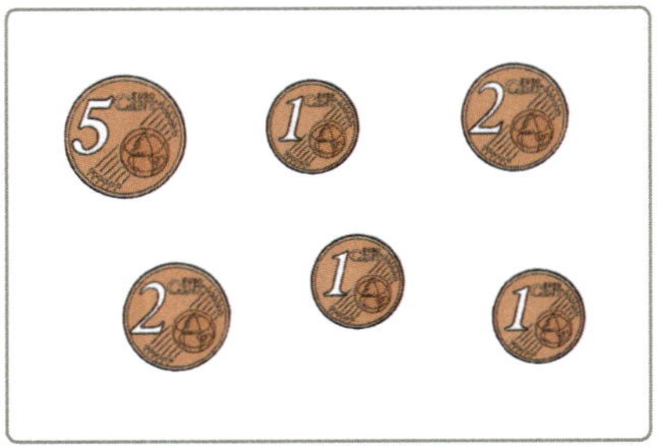

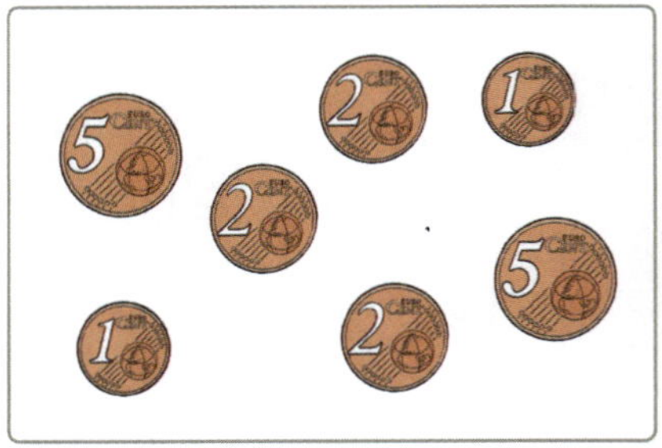

9 ct | ___ ct | ___ ct

1

7 ct | 9 ct | 3 ct | 8 ct

2

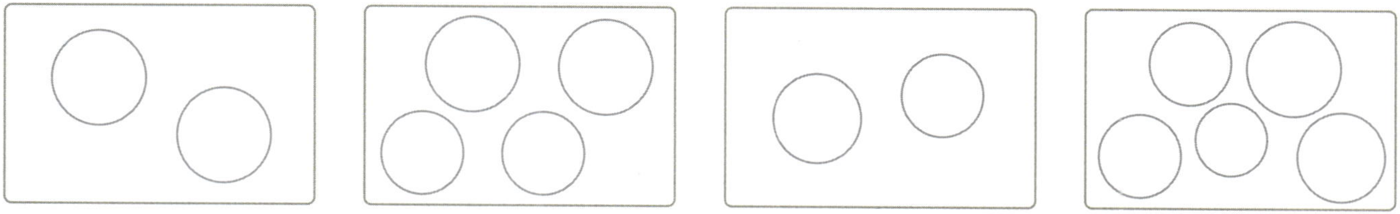

10 ct | 14 ct | 12 ct | 20 ct

3

Immer 13 ct. Finde verschiedene Möglichkeiten.

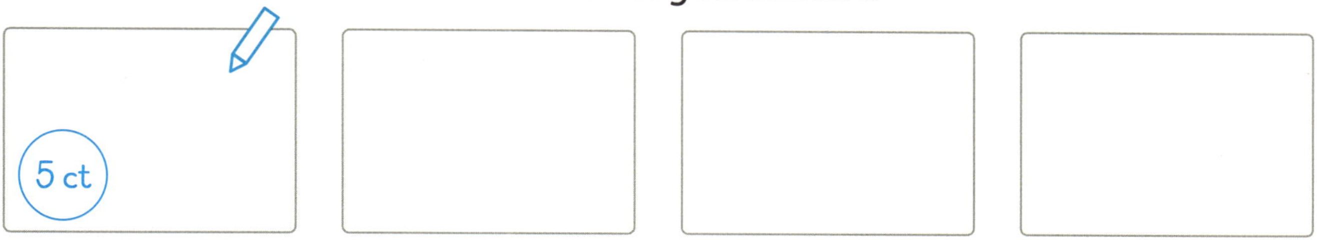

1

Immer 8 Euro.

2

____ €

____ €

____ €

Euro

1

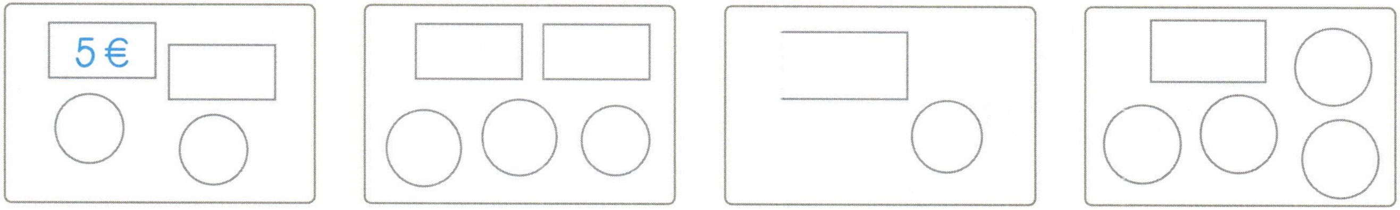

12 € | 15 € | 11 € | 18 €

2

17 € | 14 € | 20 € | 8 €

3

Immer 10 €. Finde verschiedene Möglichkeiten.

1

5€ 5€

5 € + ___ € = ___ €

2€ 5€

___ € + ___ € = ___ €

6€ 2€

___ € + ___ € = ___ €

2

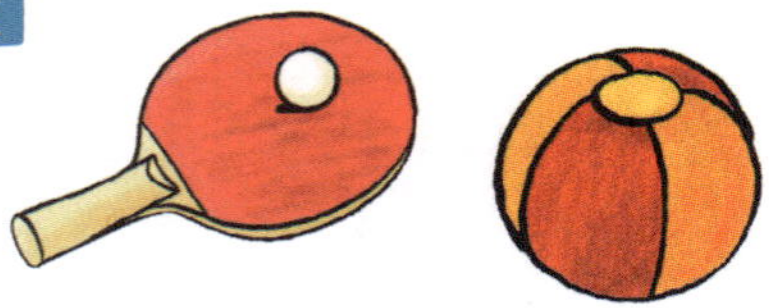

12€ 5€

___ € + ___ € = ___ €

11€ 6€

___ € + ___ € = ___ €

6€ 5€

___ € + ___ € = ___ €

1

Klaus hat ____ €.

Er kauft:

12 € – 5 € = ____ €

Klaus hat noch: ____ €.

2

Emmi hat ____ €.

Sie kauft:

____ € – ____ € = ____ €

Emmi hat noch: ____ €.

3

Niko hat ____ €.

Er kauft:

____ € – ____ € = ____ €

Niko hat noch: ____ €.

1 Was kann Lena für 10 € kaufen? Finde mehrere Möglichkeiten.

8 € + 1 € + 1 € = €

Test 1, S. 61

2 ct
50 ct
1 €
10 ct
5 ct
10 €
20 €
20 ct
1 ct
2 €

1 Schreibe alle Uhrzeiten.

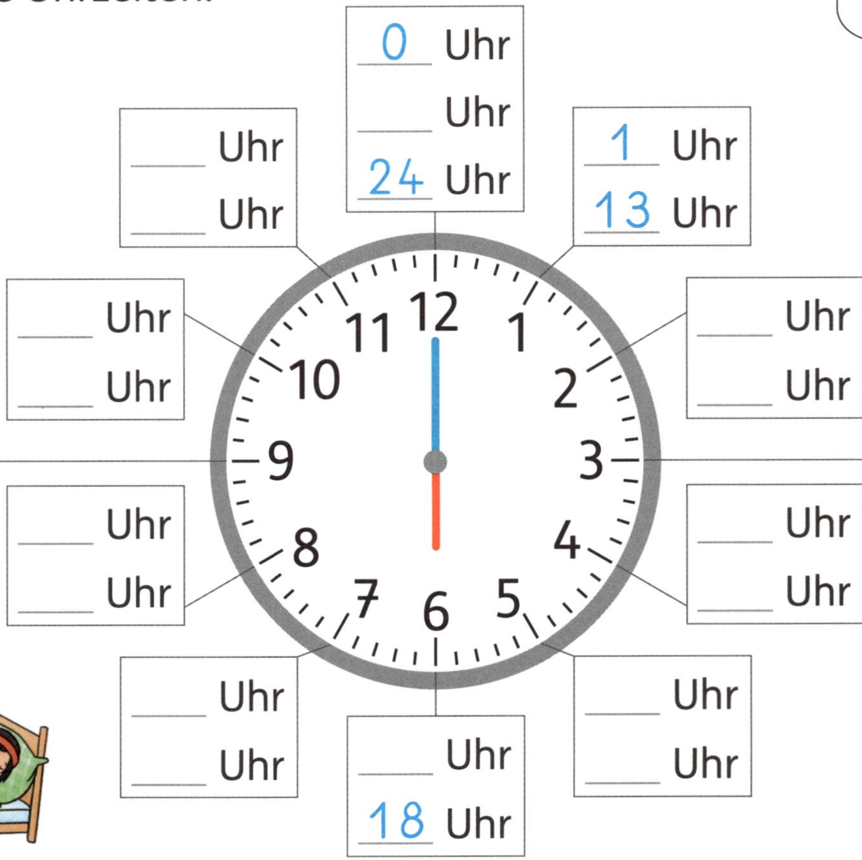

1

Ordne die Bilder. Verbinde die Bilder mit den richtigen Uhrzeiten.

- 7 Uhr
- 15 Uhr
- 8 Uhr
- 10 Uhr
- 12 Uhr
- 20 Uhr

1

2

3

7 Uhr, 8 Uhr, ____ Uhr, ____ Uhr, ____ Uhr, ____ Uhr, ____ Uhr, ____ Uhr

1

2 Uhr	___ Uhr	___ Uhr	___ Uhr	___ Uhr
14 Uhr	___ Uhr	___ Uhr	___ Uhr	___ Uhr

2

5 Uhr	___ Uhr	___ Uhr	3 Uhr	___ Uhr
___ Uhr	18 Uhr	21 Uhr	___ Uhr	16 Uhr

Mo Di Mi Do Fr Sa So

Montag	Dienstag	Mittwoch	Donnerstag	Freitag	Samstag	Sonntag

1

Mittwoch	Donnerstag		Samstag	
		Mittwoch		

2

Mo	Di	Mi	Do	Fr	Sa	So	Mo							

3

Heute ist Dienstag.

Gestern war Montag.

Morgen ist __________.

Übermorgen ist __________.

4

Heute ist Freitag.

Vorgestern war __________.

Übermorgen ist __________.

Morgen ist __________.

1

Ein Jahr hat 12 Monate.

1	Januar

Monate und Jahreszeiten

1

Wie kann sich Anoki anziehen?

Finde alle Möglichkeiten.

2

Wie kann sich Anokis Freundin anziehen?

Finde alle Möglichkeiten.

1

Kreuze passend an.

Anoki zieht: 

☐ sicher
☐ möglich
☐ unmöglich

Anoki zieht: 

☐ sicher
☐ möglich
☐ unmöglich

2

Anoki zieht: 

☐ sicher
☐ möglich
☐ unmöglich

Anoki zieht: 

☐ sicher
☐ möglich
☐ unmöglich

3

Male passend an.

Anoki zieht …

 unmöglich

 möglich

 möglich

4

Anoki zieht …

 sicher

 unmöglich

Wie viele sind es?

1

2

卌 II

3

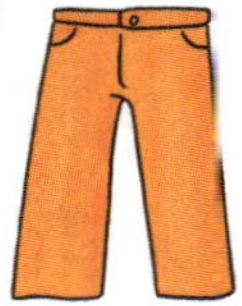

1

3 + 2 = 5

4 + 1 = 5

5 + 2 = 7

2

1 + 2 = 3

7 + 3 = 10

1 + 4 = 5

1

4 − 1 = 3

9 − 4 = 5

8 − 3 = 5

2

4 − 0 = 4

4 − 1 = 3

6 − 2 = 4

7 − 5 = 2

Test 2, S. 62

Wie viele Beine haben 5 Gänse?
____ Beine
Wie viele Beine haben 4 Schafe?
____ Beine

Euro

1

___ €   ___ €   ___ €   ___ €   ___ €   ___ €   ___ €

2

___ €

___ €

___ €

3

68 €

77 €

85 €

1

___ ct	___ ct	___ ct	___ ct	___ ct	___ ct

2

___ ct	___ € ___ ct	___ € ___ ct

3

93 ct	2 € 28 ct	5 € 65 ct

1

Immer 60 Cent.

2

Immer 1 Euro.

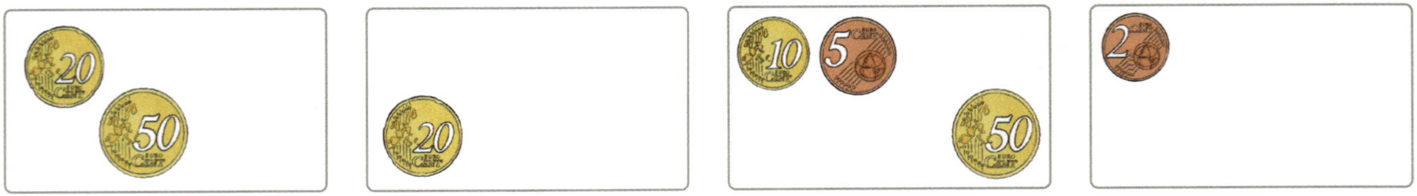

3

Immer 84 €.

1 Zeichne möglichst wenig Münzen und Scheine.

64 €

29 €

73 €

2

14 € 19 ct

76 € 51 ct

23 € 74 ct

1

20 ct + 30 ct = 50 ct | 20 ct + 7 ct = ___ ct | 22 ct + 33 ct = ___ ct
10 ct + 70 ct = ___ ct | 50 ct + 9 ct = ___ ct | 47 ct + 12 ct = ___ ct
40 ct + 50 ct = ___ ct | 8 ct + 90 ct = ___ ct | 65 ct + 25 ct = ___ ct

2

20 ct + 30 ct = 50 ct | 50 ct + ___ ct = 75 ct | 50 ct + ___ ct = 1 €
45 ct + ___ ct = 50 ct | 72 ct + ___ ct = 75 ct | 75 ct + ___ ct = 1 €
33 ct + ___ ct = 50 ct | 65 ct + ___ ct = 75 ct | 93 ct + ___ ct = 1 €

3

2 € 40 ct + 60 ct = 3 € | 7 € 95 ct + ___ ct = 8 € | 3 € 75 ct + ___ ct = 4 €
4 € 70 ct + ___ ct = 5 € | 6 € 98 ct + ___ ct = 7 € | 1 € 85 ct + ___ ct = 2 €
5 € 90 ct + ___ ct = 6 € | 8 € 94 ct + ___ ct = 9 € | 2 € 55 ct + ___ ct = 3 €

4

3 € + 2 € 50 ct = 5 € 50 ct | 4 € 50 ct + 3 € = ___ € ___ ct
4 € + 5 € 25 ct = ___ € ___ ct | 12 € 35 ct + 5 € = ___ € ___ ct
2 € + 7 € 93 ct = ___ € ___ ct | 7 € 74 ct + 3 € = ___ € ___ ct

1

Wer hat mehr Geld?

Mia:

___ € ___ ct

Lea:

___ €

Max:

___ € ___ ct

Tim:

___ €

________ hat mehr Geld als ________ .

________ hat mehr Geld als ________ .

2

Kleiner, größer oder gleich?

20 ct (<) 2 €	2 € ◯ 1 € 30 ct	3 € 46 ct ◯ 5 € 35 ct
1 € ◯ 2 ct	5 € ◯ 5 € 4 ct	6 € 25 ct ◯ 2 € 25 ct
100 ct ◯ 1 €	3 € ◯ 2 € 99 ct	10 € 31 ct ◯ 3 € 78 ct

3

Ordne nach der Größe.

50 €	1 € 50 ct	~~5 ct~~	1 € 5 ct	50 ct	15 ct	5 €

5 ct < ______ < ______ < ______ < ______ < ______ < ______

1

Caro kauft ein T-Shirt und einen Rock.

Es kostet zusammen ____ €.

12 € +

2

Tim kauft eine Hose und ein T-Shirt.

Er hat 50 €.

Es kostet zusammen ____ €.

Tim bekommt ____ € zurück.

3

Mona kauft eine Jacke und einen Schal.

Sie hat 60 €.

Es kostet zusammen ____ €.

Mona bekommt ____ € zurück.

1

Stelle Fragen und antworte.

Sarah hat 30 €. Sie kauft eine Hose.

2

Tom hat 100 €. Er kauft einen Pulli und einen Schal.

3

Du hast 80 €. Was kannst du kaufen?

1

Du hast 20 €.

Was möchtest du kaufen? ______________________ und ______________________.

Wie viel Euro kostet es zusammen? ______________________.

Wie viel Euro bekommst du zurück? ______________________.

2

Du hast 40 €.

Was möchtest du kaufen? ______________________ und ______________________.

Wie viel Euro kostet es zusammen? ______________________.

Wie viel Euro bekommst du zurück? ______________________.

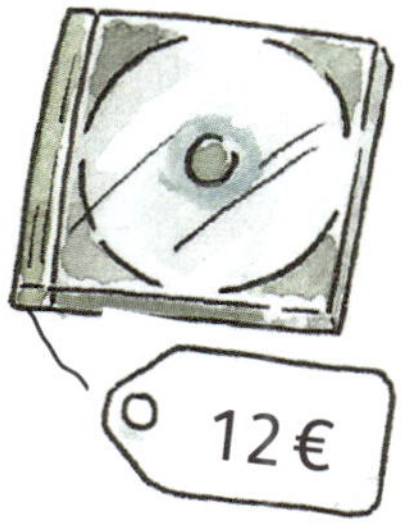

1

Du hast 50 €.

Was möchtest du kaufen? ______________ und ______________ und ______________.

Wie viel Euro kostet es zusammen? ______________________________.

Wie viel Euro bekommst du zurück? ______________________________.

2

Du hast 70 €.

Was möchtest du kaufen? ______________________________.

Wie viel Euro kostet es zusammen? ______________________________.

Wie viel Euro bekommst du zurück? ______________________________.

1

5 Minuten | ___ Minuten | ___ Minuten | ___ Minuten | ___ Minuten

2

6.15 Uhr	___ Uhr	___ Uhr	___ Uhr
18.15 Uhr	___ Uhr	___ Uhr	___ Uhr

3

___ Uhr	4.45 Uhr	___ Uhr	3.25 Uhr	___ Uhr
20.30 Uhr	___ Uhr	14.10 Uhr	___ Uhr	23.40 Uhr

1

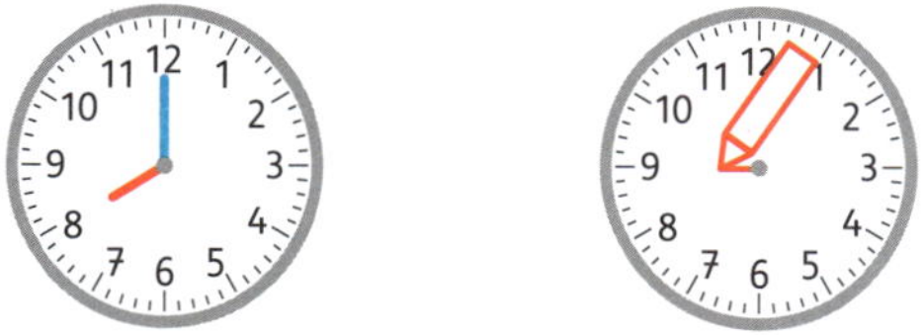

8 Uhr —1 h→ 9 Uhr

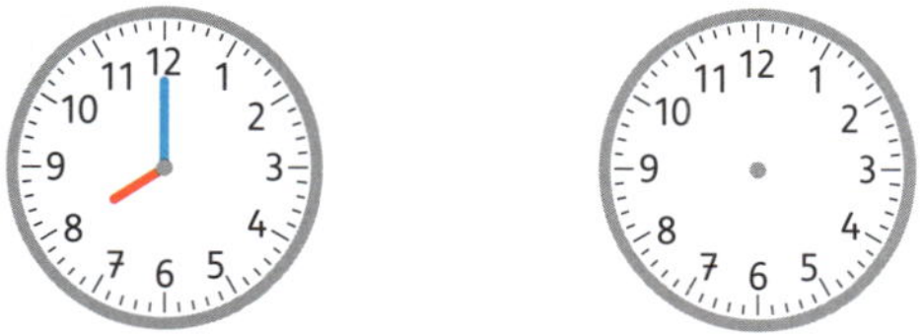

20 Uhr —8 h→ ___ Uhr

2

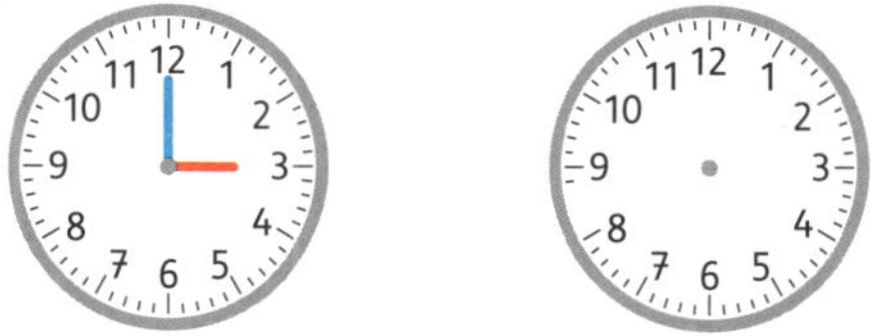

15 Uhr —3 h→ 18 Uhr

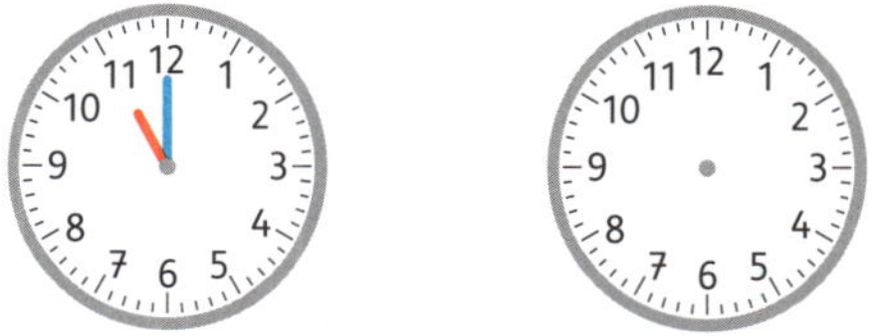

11 Uhr —___ h→ 10 Uhr

3

12 Uhr —___ h→ 19 Uhr

0 Uhr —___ h→ 12 Uhr

7 Uhr —___ h→ 11 Uhr

3 Uhr —___ h→ 18 Uhr

21 Uhr —___ h→ 23 Uhr

4

14 Uhr —6 h→ ___ Uhr

2 Uhr —17 h→ ___ Uhr

18 Uhr —3 h→ ___ Uhr

9 Uhr —6 h→ ___ Uhr

22 Uhr —2 h→ ___ Uhr

5

12 Uhr —1 h→ 13 Uhr

___ Uhr —8 h→ 17 Uhr

___ Uhr —2 h→ 2 Uhr

___ Uhr —3 h→ 5 Uhr

___ Uhr —4 h→ 1 Uhr

1

9.40 Uhr —20 min→ 10 Uhr

17.35 Uhr —___ min→ 18 Uhr

2

19.15 Uhr —45 min→ 20 Uhr

_____ Uhr —5 min→ 3 Uhr

3

14 Uhr —___ min→ 15 Uhr

19.15 Uhr —___ min→ 20 Uhr

18.30 Uhr —___ min→ 19 Uhr

8.45 Uhr —___ min→ 9 Uhr

5.20 Uhr —___ min→ 6 Uhr

4

_____ Uhr —10 min→ 16 Uhr

_____ Uhr —30 min→ 4 Uhr

_____ Uhr —55 min→ 23 Uhr

_____ Uhr —25 min→ 8 Uhr

_____ Uhr —50 min→ 22 Uhr

Zeitspannen

1

7 Uhr —2 h 5 min→ 9.05 Uhr

10.30 Uhr —3 h 15 min→ ____ Uhr

2

16 Uhr —1 h 30 min→ 17.30 Uhr

13.30 Uhr —___ h ___ min→ 18 Uhr

3

10 Uhr —___ h ___ min→ 12.15 Uhr

13 Uhr —___ h ___ min→ 19.20 Uhr

20 Uhr —___ h ___ min→ 22.40 Uhr

9.30 Uhr —___ h ___ min→ 11 Uhr

11.15 Uhr —___ h ___ min→ 14 Uhr

4

5 Uhr —3 h 30 min→ ____ Uhr

20 Uhr —2 h 15 min→ ____ Uhr

16 Uhr —4 h 35 min→ ____ Uhr

8.15 Uhr —7 h 30 min→ ____ Uhr

13.45 Uhr —5 h 15 min→ ____ Uhr

JULI 3 Montag | JULI 4 Dienstag | JULI 5 Mittwoch | JULI 6 Donnerstag | JULI 7 Freitag | JULI 8 Samstag | JULI 9 Sonntag

1

JULI 17 Mo | JULI 18 | JULI 19 | JULI 20 | JULI 21 | JULI 22 | JULI 23

2

JULI 10 | JULI 31 | JULI 2 | JULI 7

Juli 2023						
Mo	**Di**	**Mi**	**Do**	**Fr**	**Sa**	**So**
					1	2
3	4	5	6	7	8	9
10	11	12	13	14	15	16
17	18	19	20	21	22	23
24	25	26	27	28	29	30
31						

1

gestern	heute	morgen
Mittwoch	Donnerstag	Freitag
	Samstag	
	Dienstag	

gestern	heute	morgen
	Montag	
Freitag		
		Mittwoch

2

Ordne.

MÄRZ 4 | MÄRZ 18 | MÄRZ 13 | MÄRZ 25 | MÄRZ 20 | MÄRZ 1

1. März ______ ______ ______ ______ ______

3

DEZEMBER 21 | MAI 4 | FEBRUAR 16 | DEZEMBER 6 | MÄRZ 4 | MAI 21

16. Februar ______ ______ ______ ______ ______

Zeitspannen

1

Bäckerei Fröhlich

Mo – Do	6.00 – 18.00
Fr	7.00 – 13.00
Sa	7.00 – 12.00
So	10.00 – 12.00

Öffnungszeiten

Mittwoch von 6 Uhr bis ____ Uhr.

Samstag von ____ Uhr bis ____ Uhr.

Sonntag von ____ Uhr bis ____ Uhr.

2

Autohaus Simon

Mo – Fr	7 – 20 Uhr
Sa	7 – 12 Uhr
So	geschlossen

Am Dienstag hat das Autohaus 13 Stunden geöffnet.

Am Samstag hat das Autohaus ____ Stunden geöffnet.

Am Sonntag hat das Autohaus ____ Stunden geöffnet.

3

Superkauf

Mo – Fr	8 Uhr – 18 Uhr
Sa	7 Uhr – 14 Uhr
So	geschlossen

Was stimmt? Kreuze an.

- ☐ Am Montag öffnet Superkauf um 8 Uhr.
- ☐ Am Dienstag schließt Superkauf um 16 Uhr.
- ☐ Am Sonntag hat Superkauf 3 Stunden lang geöffnet.
- ☐ Am Samstag hat Superkauf nicht so lange geöffnet wie am Freitag.

Test 3, S. 63

viele Jahre → E	4 Stunden → T
ein paar Minuten → Z	einige Monate → I

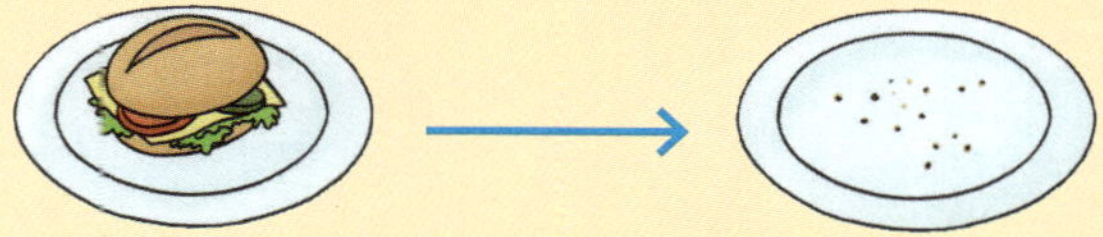

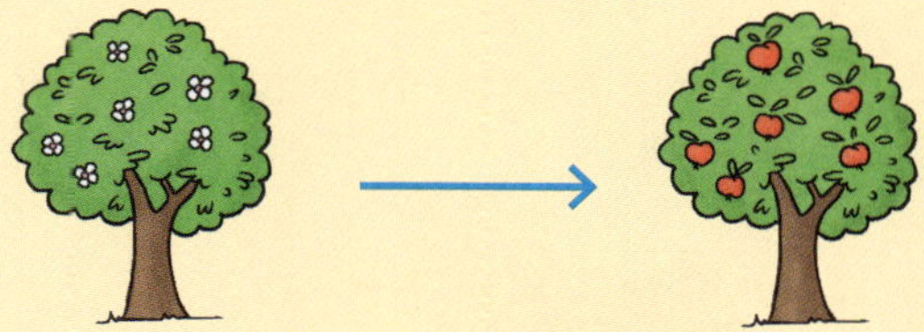

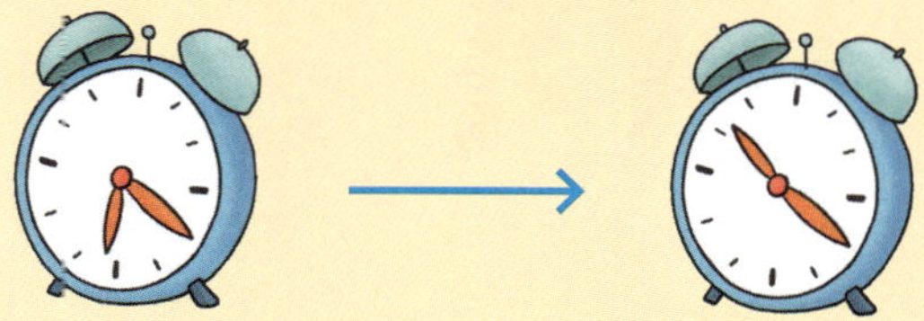

Lösungswort:

___ ___ ___ ___

1 Ordne. Beginne mit dem kleinsten Stift.

___ ___ ___ 1. ___

2 Ordne. Beginne mit dem kleinsten Tier.

___ ___ ___ ___ ___

1

Miss die Strecken.

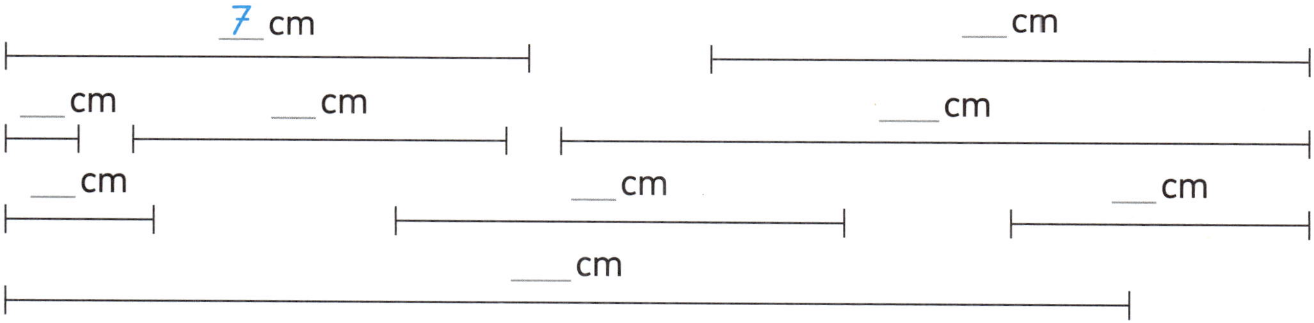

2

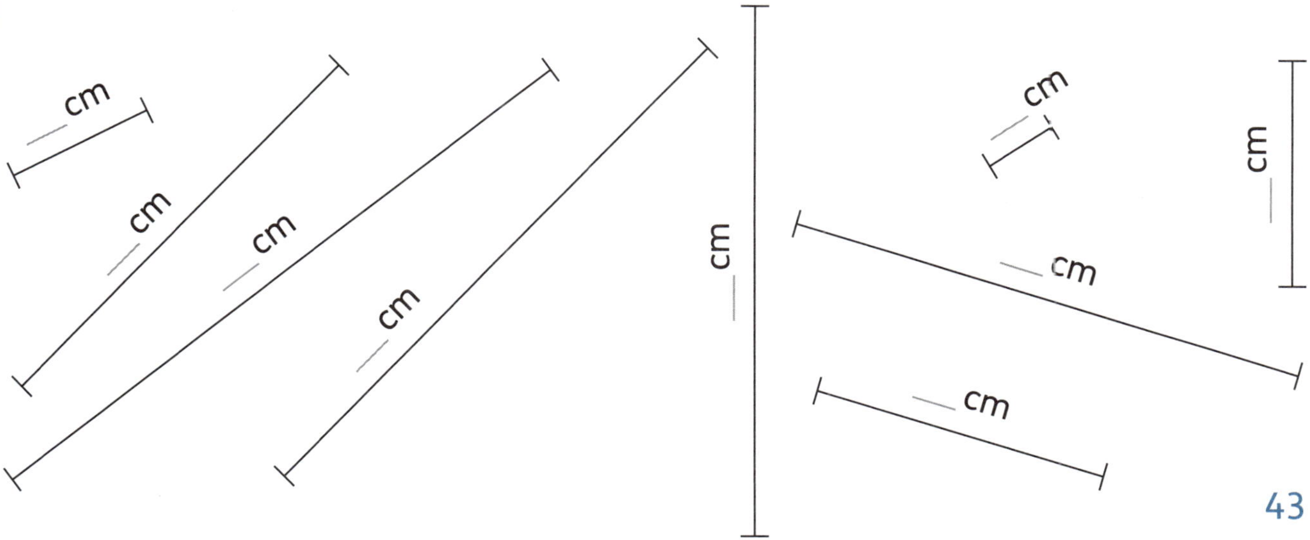

1

Miss die Längen.

___ cm

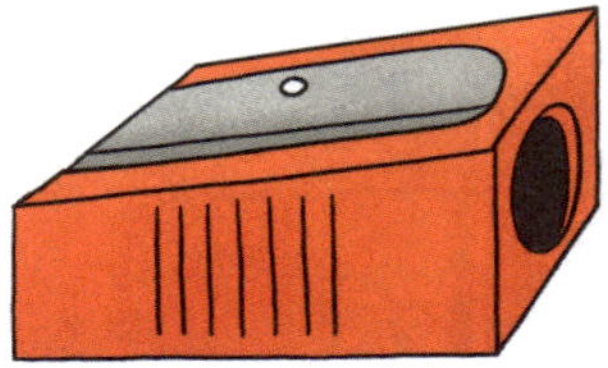

___ cm

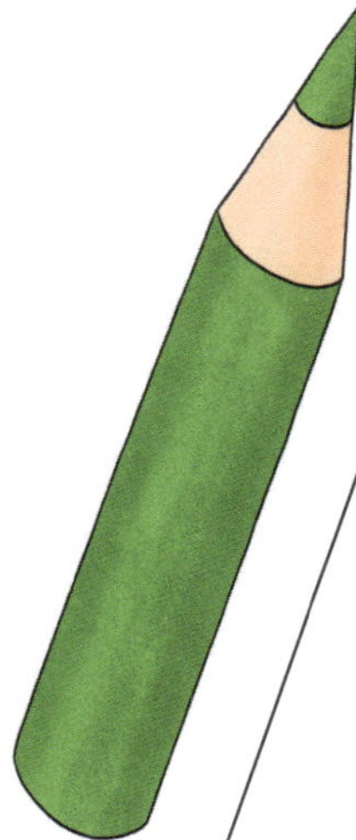

___ cm

___ cm

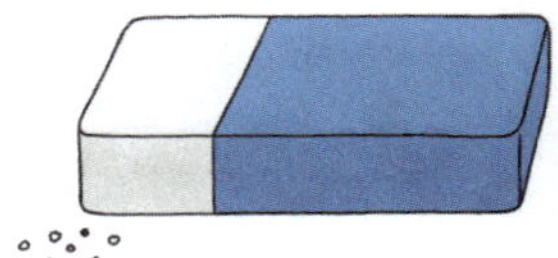

___ cm

1 Zeichne die Strecken mit dem Lineal.

4 cm

8 cm

13 cm

10 cm

2

1 cm

6 cm

11 cm

12 cm

1 Zeichne mit dem Lineal.

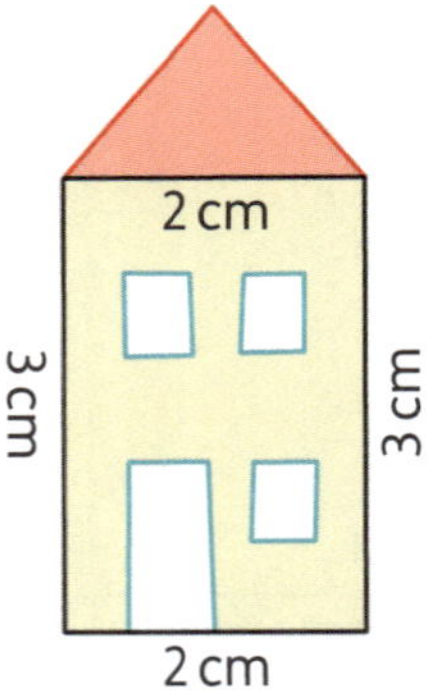

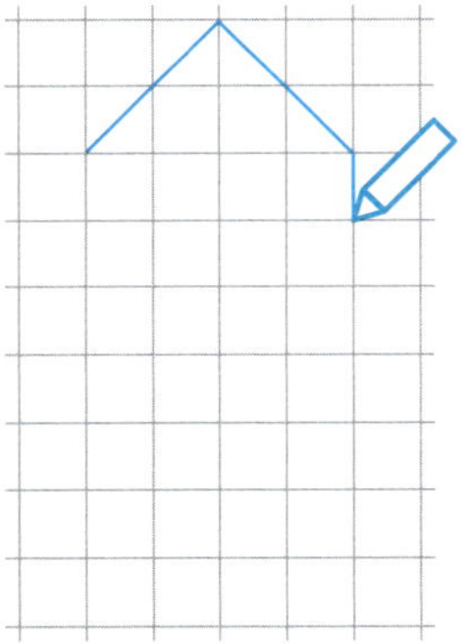

2

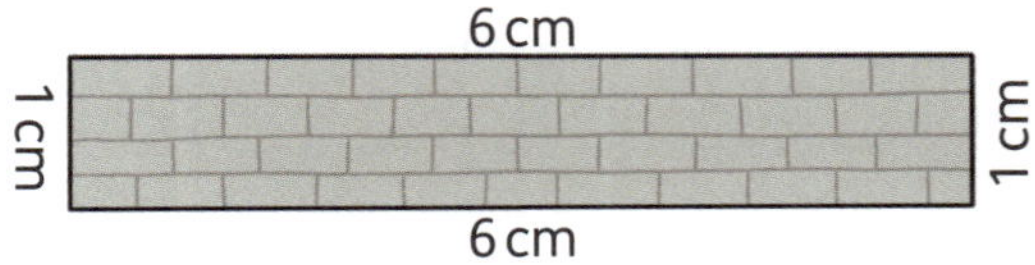

3

4

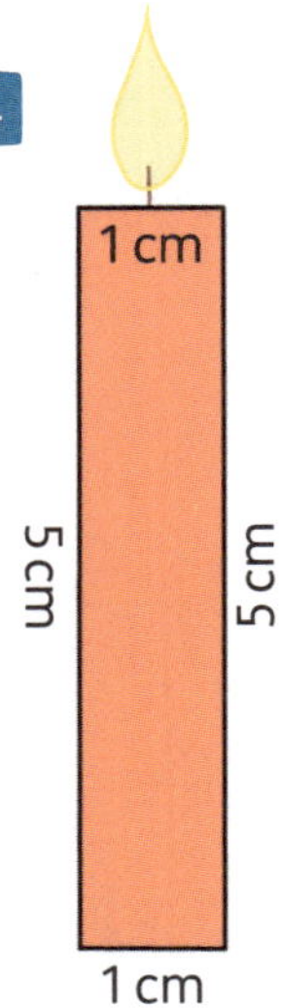

1

Miss die Strecken mit dem Lineal.

Welche Länge haben die Wege? Schätze zuerst.

Rechne die einzelnen Strecken zusammen.

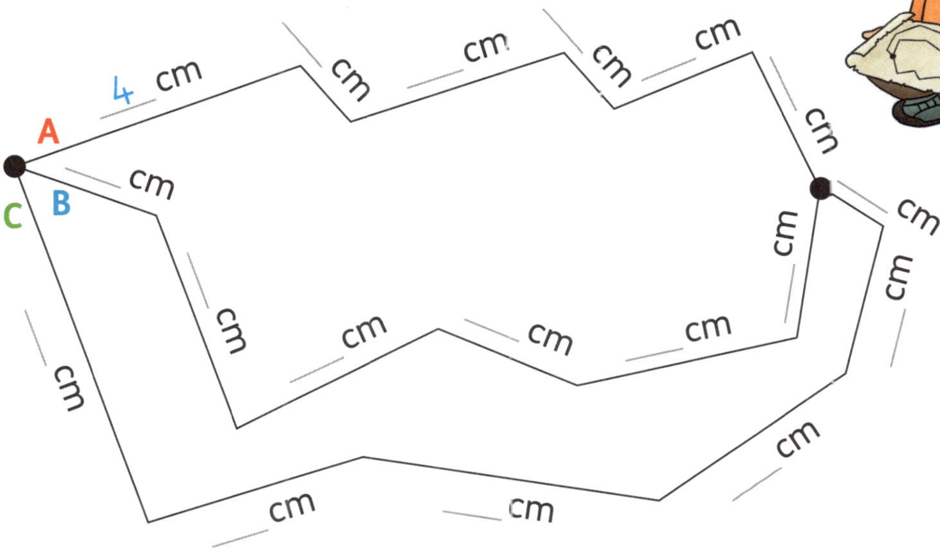

Weg A: ___ cm   Weg B: ___ cm   Weg C: ___ cm

Weg ___ ist der kürzeste.   Weg ___ ist der längste.

1

8 cm + 6 cm = ___ cm

7 cm + 5 cm = ___ cm

9 cm + 4 cm = ___ cm

57 cm + 8 cm = ___ cm

23 cm + 9 cm = ___ cm

35 cm + 7 cm = ___ cm

2

9 cm − 8 cm = ___ cm

7 cm − 4 cm = ___ cm

8 cm − 3 cm = ___ cm

94 cm − 9 cm = ___ cm

77 cm − 2 cm = ___ cm

41 cm − 5 cm = ___ cm

3

5 cm + ___ cm = 10 cm

10 cm + ___ cm = 10 cm

2 cm + ___ cm = 10 cm

3 cm + ___ cm = 10 cm

6 cm + ___ cm = 10 cm

4 cm + ___ cm = 10 cm

4

20 cm + ___ cm = 1 m

50 cm + ___ cm = 1 m

90 cm + ___ cm = 1 m

80 cm + ___ cm = 1 m

100 cm + ___ cm = 1 m

30 cm + ___ cm = 1 m

1 Die Kinder der Klasse 2a haben sich gemessen. Ordne der Größe nach.

Mona	1 m 42 cm
Furkan	1 m 27 cm
Ceyda	1 m 30 cm
Nick	1 m 32 cm
Chris	1 m 29 cm
Jona	1 m 38 cm

Furkan 1 m 27 cm
____
____
____
____
____

2 Was stimmt? Kreuze an.

- ☐ Ceyda ist das kleinste Kind der Klasse.
- ☐ Nick ist 10 cm kleiner als Mona.
- ☐ Der Unterschied zwischen Nick und Chris beträgt 3 cm.
- ☐ Jona ist 11 cm größer als Furkan.
- ☐ Mona ist kleiner als der Hund.

1 Sicher, möglich oder unmöglich?

sicher möglich unmöglich

2

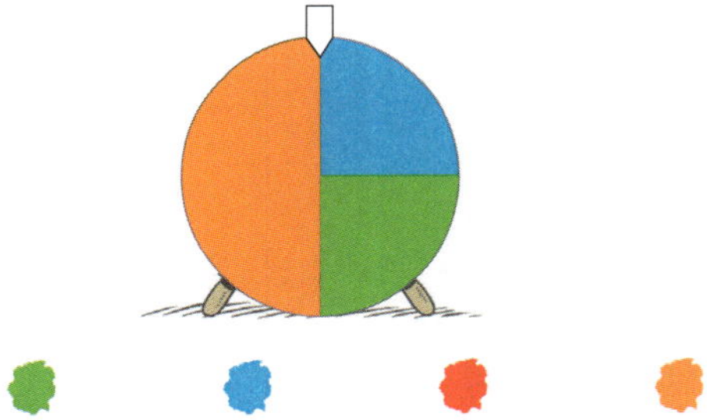

sicher möglich unmöglich

3

sicher möglich unmöglich

4

sicher möglich unmöglich

1

Male passend an.

Diese Farben gewinnen:

sicher

unmöglich

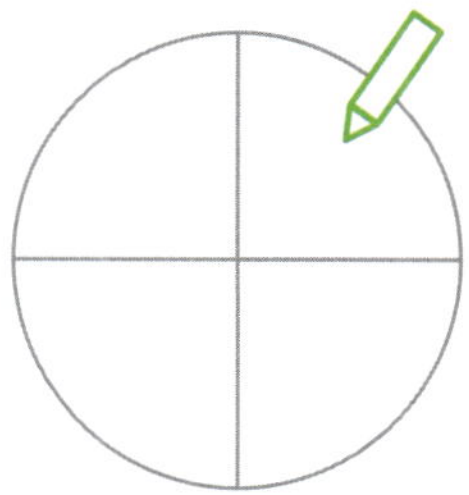

2

möglich

unmöglich

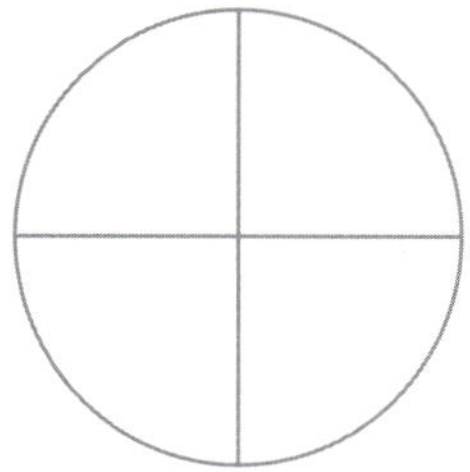

3

sicher oder

möglich

unmöglich oder

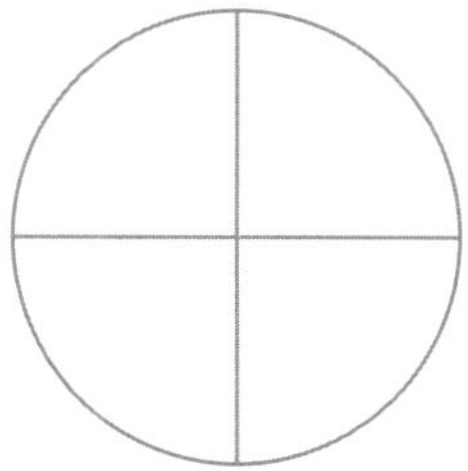

4

sicher oder

unmöglich

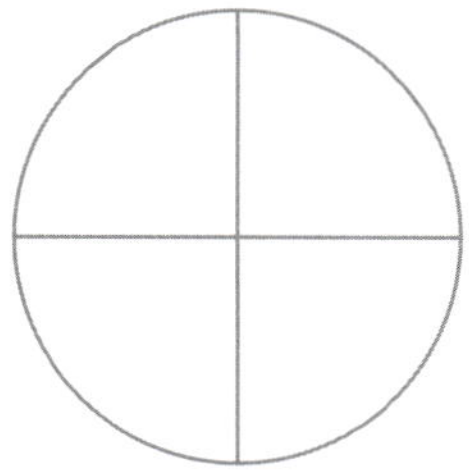

1

Wie viele verschiedene Türme kannst du bauen? Finde alle Möglichkeiten.

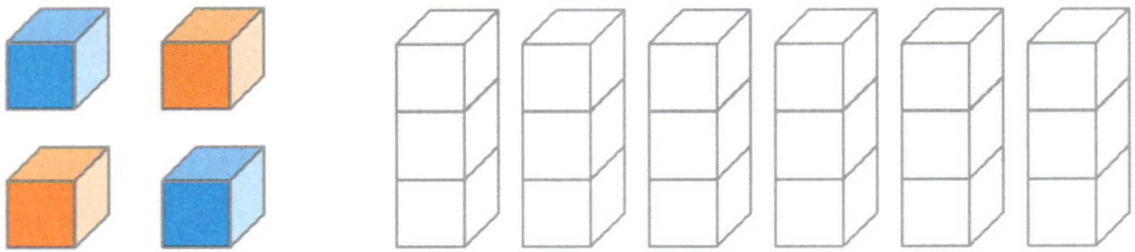

2

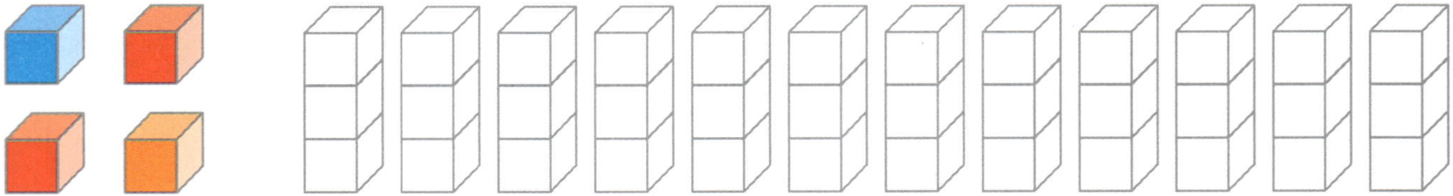

3

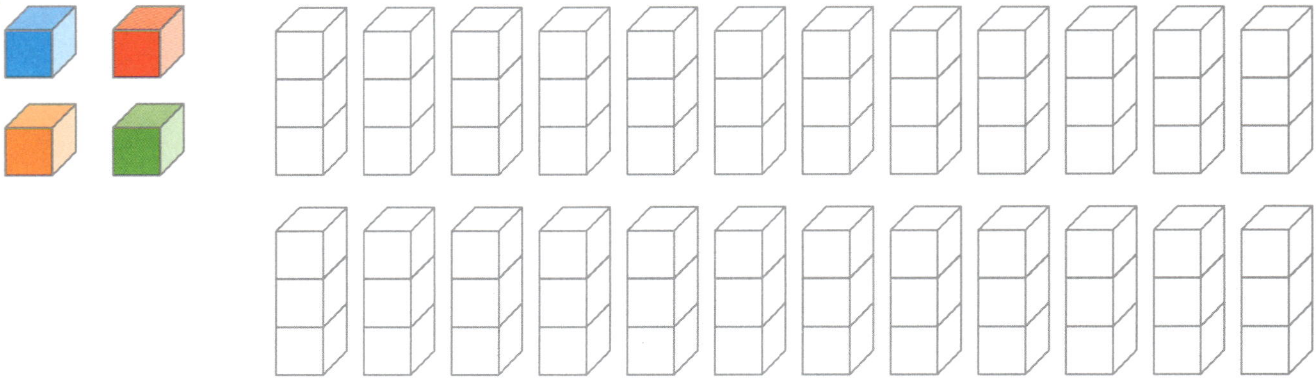

1

Wie viele Möglichkeiten gibt es?

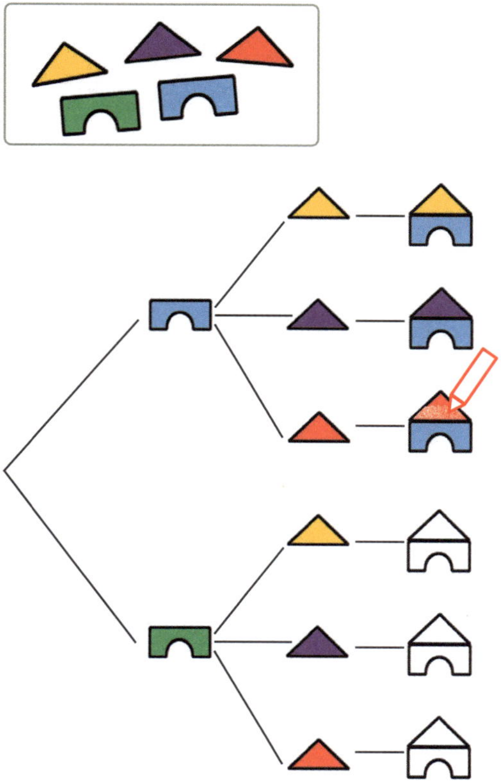

Es gibt ____ Möglichkeiten.

2

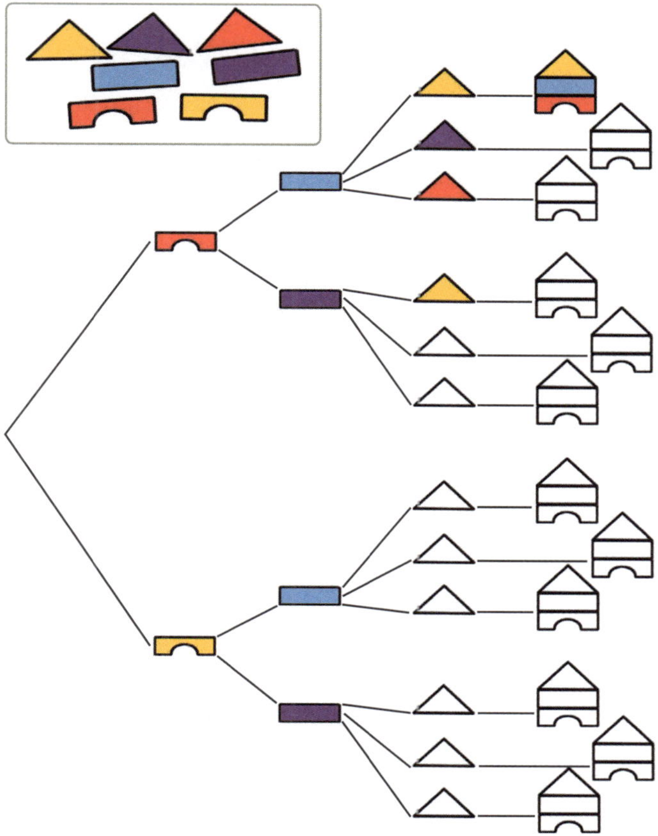

Es gibt ____ Möglichkeiten.

1 Erstelle Säulendiagramme.

Lieblingsessen	Eis	Pizza	Salat	Kartoffeln	Nudeln
Jungen	𝍸 II	𝍸 𝍸 II	𝍸 𝍸	𝍸 III	𝍸 IIII
Mädchen	𝍸 IIII	𝍸 𝍸 I	𝍸 𝍸 III	𝍸 𝍸 II	𝍸 𝍸

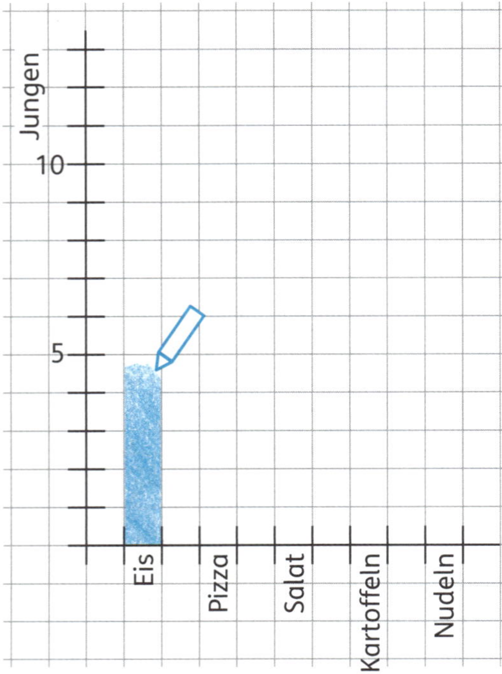

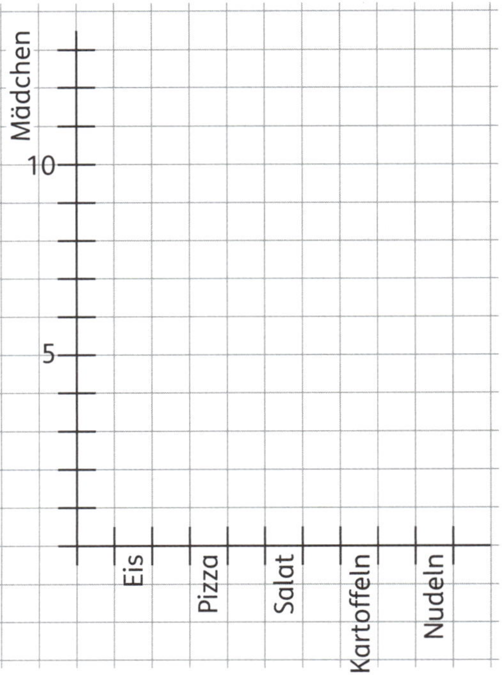

1 Die Kinder der Klasse 2c haben ihre Geburtstage aufgeschrieben.

Ayla	6. Dezember	Lena	13. August	Samed	2. September
Luke	20. Januar	Luna	19. Juni	Sarah	7. Juli
Noah	19. März	Emmi	15. März	Sophie	10. April
Heidi	5. Mai	Mike	14. Januar	Sven	28. Juni
Steffi	17. Juli	Nina	31. Dezember	Tobias	12. Mai
Pedro	8. Juni	Pia	2. März	Ali	27. November

Zeichne ein Säulendiagramm.

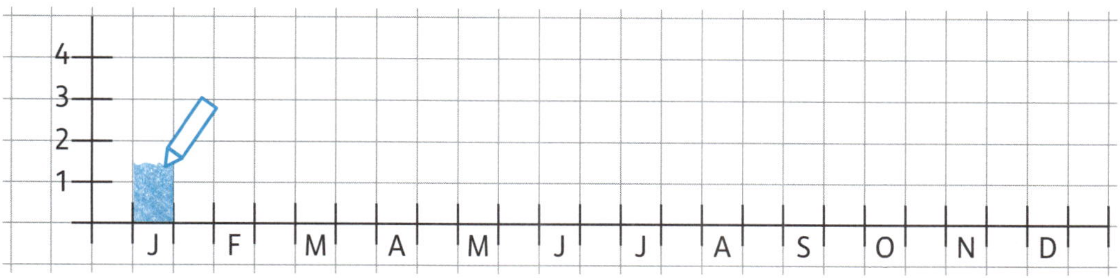

In diesen Monaten hat kein Kind Geburtstag:

____

1

Stelle eine Frage, rechne und antworte.

Lilly möchte ein Spiel für 37 € kaufen.
Sie hat schon 12 € gespart.

____

____

3 7 €

2

Im Tierpark leben 60 Tiere. Die Hälfte schläft am Tag.

____

____

3

Im Parkhaus stehen 54 Autos. 24 davon sind silbern. Die restlichen Autos sind rot.

____

____

1 Verteile gleichmäßig.

24 Lutscher an 6 Kinder.

24 :

Jedes Kind bekommt ______________________.

72 Möhren an 9 Pferde.

Jedes Pferd bekommt ______________________.

25 Kartoffeln auf 5 Teller.

Auf jeden Teller kommen ______________________.

2 Stelle eine Frage, rechne und antworte.

Im Raum stehen 4 Tische und 12 Stühle.

____

____

3 56 Murmeln werden 8 Kindern geschenkt.

____

____

1

Sina hat 24 €. Sie bekommt 6 € geschenkt.	Tom hat 4 Autos. Sein Bruder hat 6-mal so viele.	Linda verteilt 24 Bonbons an 6 Freunde.	Leo verschenkt von 24 Stickern 6 Stück.
$24 : 6$	$24 + 6$	$24 - 6$	$6 \cdot 4$

2

Alina verteilt 45 Blumen auf 9 Vasen.	Selim hat 9 Comics. Er bekommt 5 dazu.	Tina verschenkt von 45 Kaugummis 9 Stück.	Toni hat 5 Muscheln gesammelt. Sein Freund hat 9-mal so viele.
$45 - 9$	$9 \cdot 5$	$9 + 5$	$45 : 9$

1

Rechne und antworte.

15 Kinder sitzen in der Turnhalle auf Bänken.

Auf eine Bank passen 6 Kinder.

Wie viele Bänke brauchen sie?

2

25 Kinder sollen sich in 3 Mannschaften aufstellen.

Wie viele Kinder sind in einer Mannschaft?

3

Stelle eine Frage, rechne und antworte.

25 Kinder sollen sich in 4 Reihen aufstellen.

Test 4, S. 64

Auf der Weide sind Kühe
und Fliegen.
Insgesamt sind es 9 Tiere.
Zusammen haben sie 48 Beine.
Wie viele Kühe und
wie viele Fliegen sind es?
Es sind ___ Kühe
und ___ Fliegen.

Auf dem Schulhof stehen
Fahrräder und Bobbycars.
Es sind insgesamt 7 Fahrzeuge.
Zusammen haben sie 22 Räder.
Wie viele Fahrräder und wie viele
Bobbycars sind es?
Es sind ___ Fahrräder
und ___ Bobbycars.

1

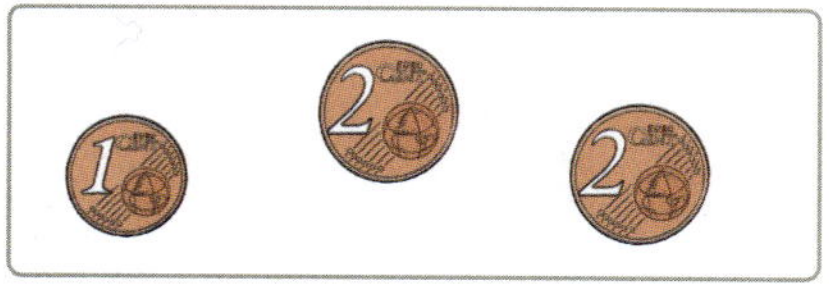

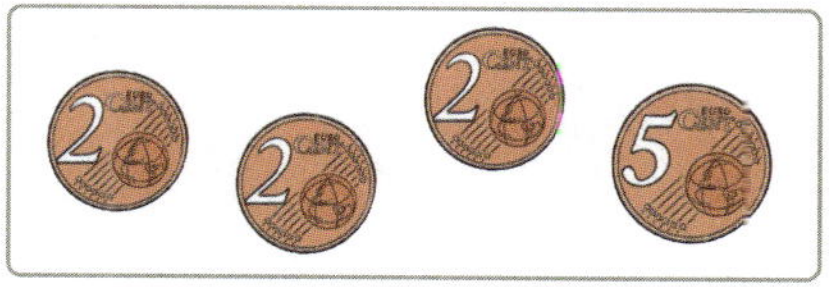

___ ct　　　　___ ct　　　　___ €

6

2

20 ct　　　　13 ct　　　　16 €

6

3

Max hat ____ €.

Er kauft:

Max bekommt zurück:

___ € – ___ € = ___ €

2

14

Teste dich!

1

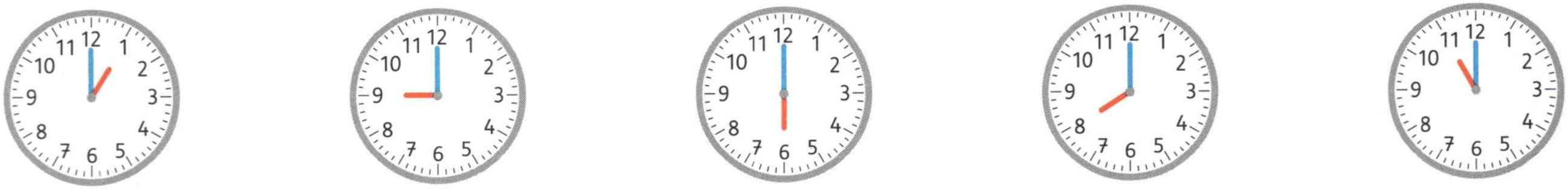

___ Uhr	___ Uhr	___ Uhr	___ Uhr	___ Uhr
___ Uhr	___ Uhr	___ Uhr	___ Uhr	___ Uhr

10

2

Dienstag		Donnerstag			

4

3

2

___ + ___ = ___

4

2

___ − ___ = ___

18

Test 2

1

Immer 74 Euro. Finde verschiedene Möglichkeiten.

6

2

Hanna kauft einen Rock und einen Pulli. Sie hat 60 €.

Es kostet zusammen ____ €

Hanna bekommt ___ € zurück.

4

3

10

______ Uhr ______ Uhr ______ Uhr ______ Uhr ______ Uhr

______ Uhr ______ Uhr ______ Uhr ______ Uhr ______ Uhr

20 ☺ ☺ 😐 ☹

1 Miss die Strecken.

4

__ cm __ cm __ cm __ cm

2 Zeichne die Strecken.

2

7 cm 5 cm

3 Stelle eine Frage, rechne und antworte.

Luca hat 34 Autos. 24 davon sind rot. Die anderen sind blau.

Bauer Max hat 18 Schafe. Die Hälfte der Schafe sind braun, die restlichen weiß.

6

12